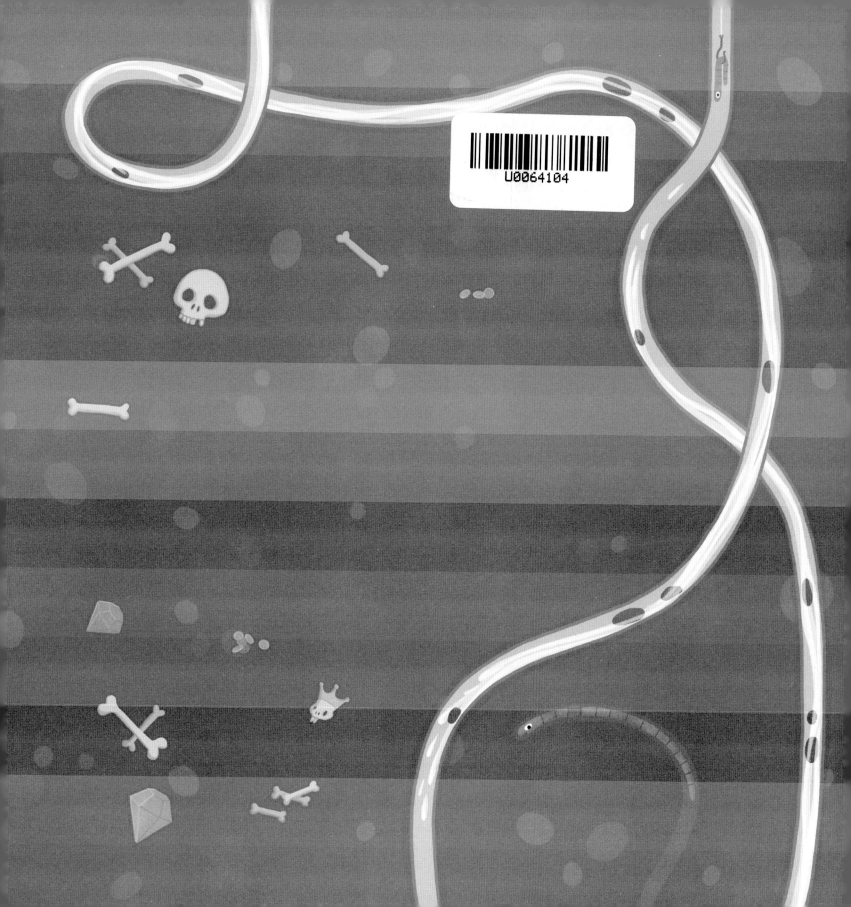

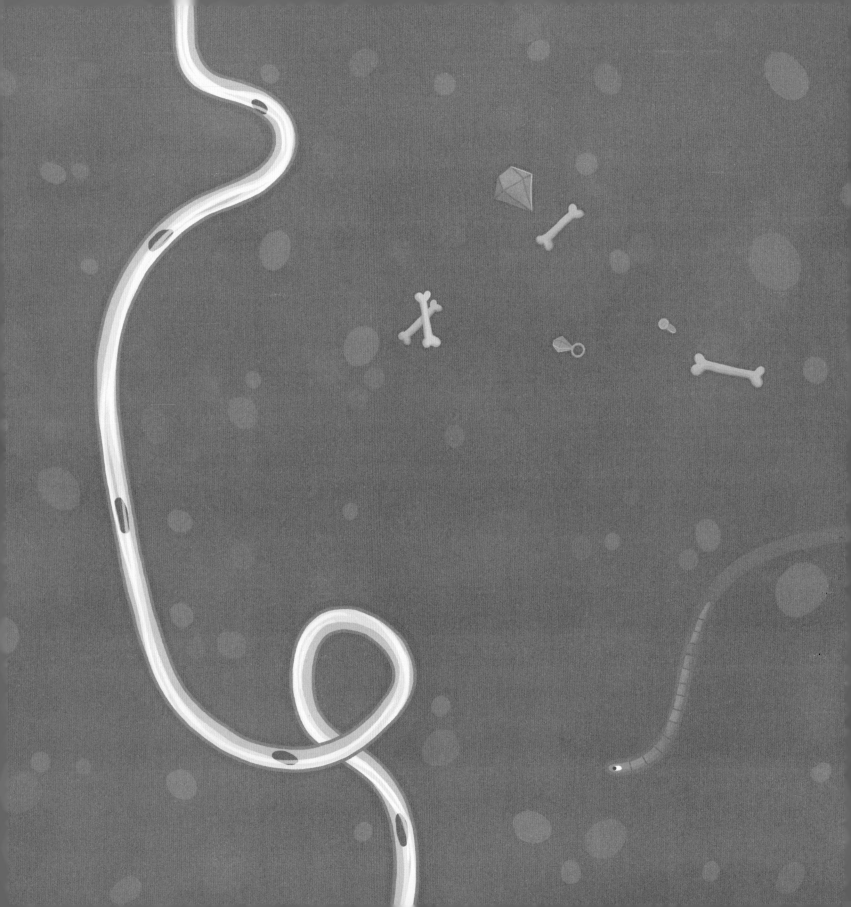

嘩啦，便便 往哪裏去？

喬·琳德莉　著／繪　　潘心慧　譯

新雅文化事業有限公司
www.sunya.com.hk

你沖馬桶的時候，會發生什麼事情？

一、二、三！

按一下按鈕或推一下手柄，你的便便就會立刻消失，好像變魔術一樣！

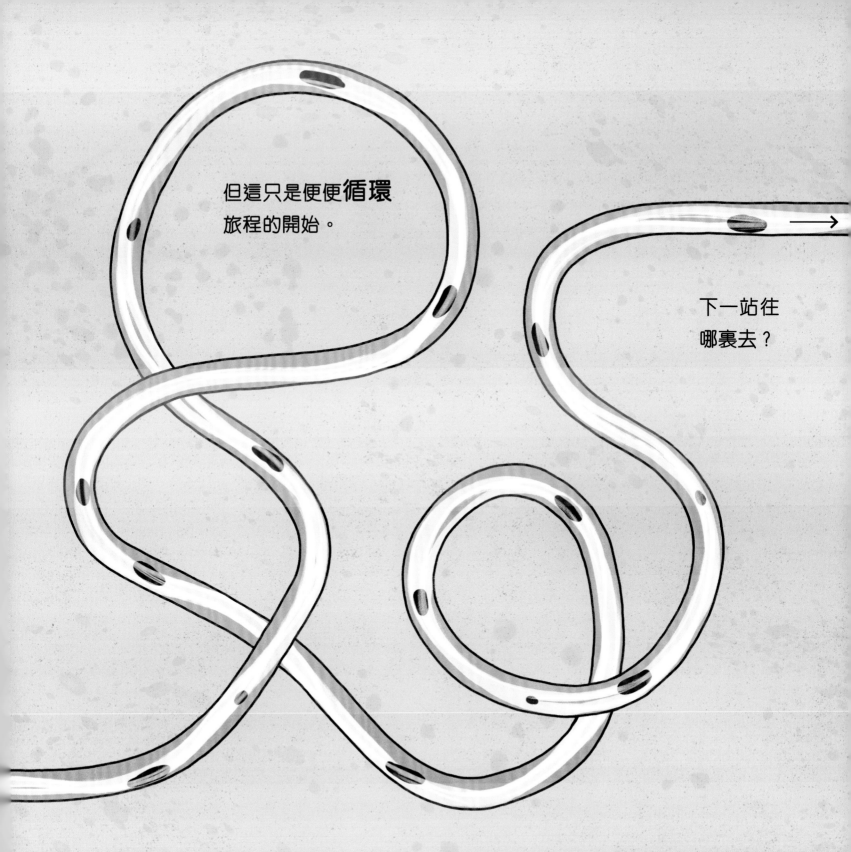

但這只是便便**循環**
旅程的開始。

下一站往
哪裏去？

嗖嗖嗖……它快速地從你家裏的污水管，流入更大的地下管道，就是**下水道**。

你隔壁
鄰居的便便
也是這樣……

還有你隔壁
鄰居的
鄰居的
便便……

下水道

還有你隔壁
鄰居的
鄰居的
鄰居的
鄰居

污水

臭氣熏天的下水道錯綜複雜，連接着
所有街道、鄉鎮和城市。

但有時下水道會堵塞，就要找人來清理。

這就是**下水道清洗員**前來解救的時候了！

油脂塊

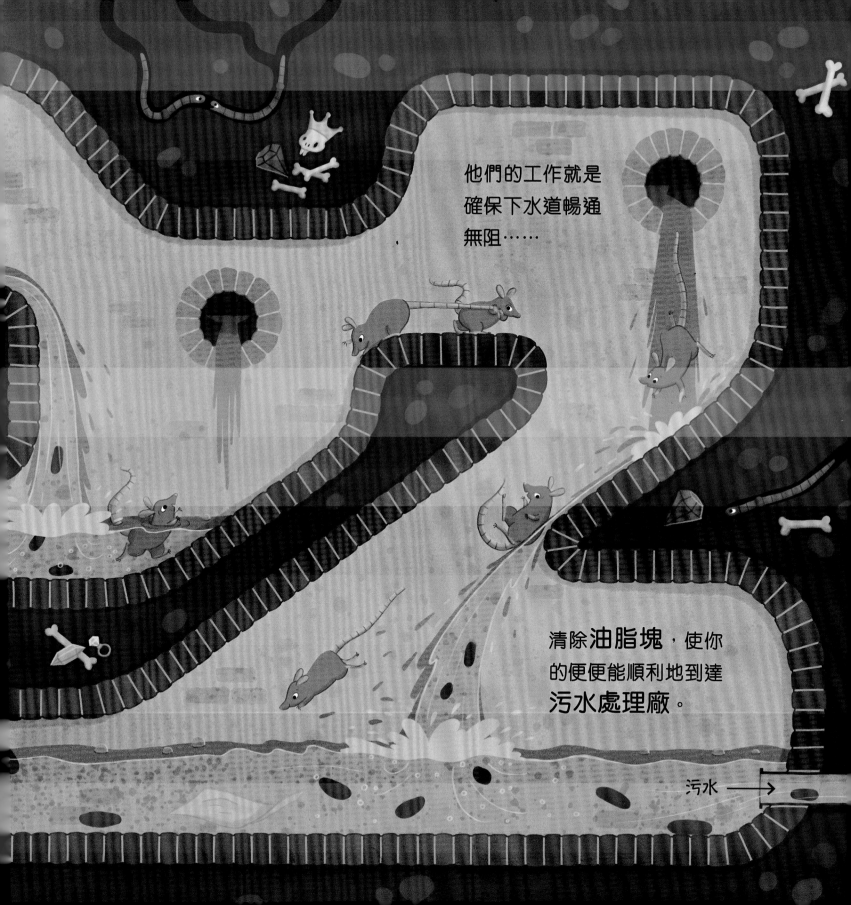

他們的工作就是
確保下水道暢通
無阻……

清除**油脂塊**，使你
的便便能順利地到達
污水處理廠。

污水 →

抵達污水處理廠的污水必須清潔乾淨。第一步就是清除所有不該
被沖進馬桶的東西。

污水會經過一個隔篩，形狀有點像運輸帶
上的巨型篩子，但它不是用來過濾意大利
麵，而是篩走尿片、濕紙巾，甚至假牙！

隔篩

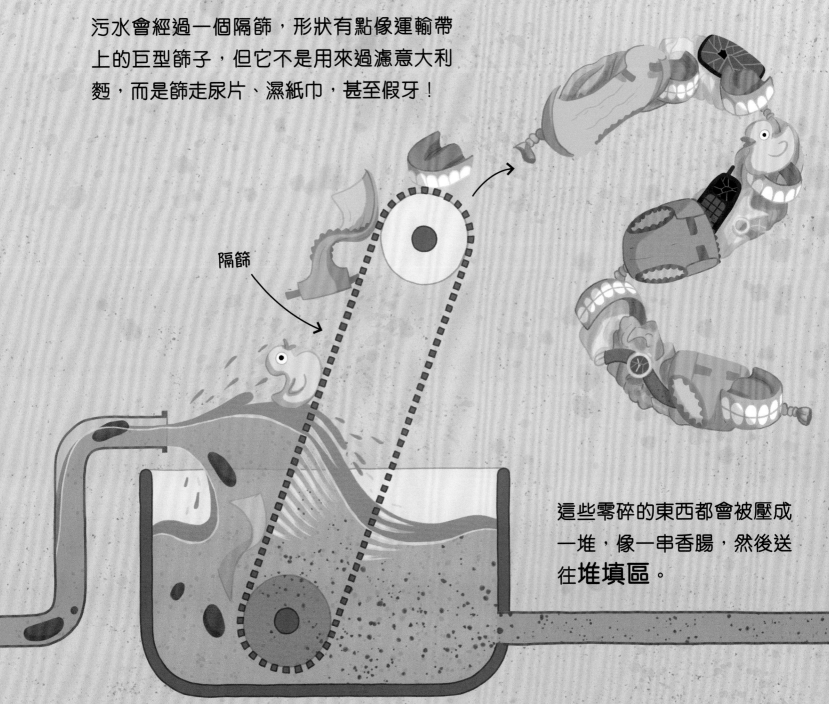

這些零碎的東西都會被壓成
一堆，像一串香腸，然後送
往**堆填區**。

污水注入水池後，水和便便就會分開——水升到上面，便便沉到底部，
成為**污泥**。這些黏糊糊的東西挖出來後，將會**循環再用**。

這部分稍後再說。首先，水要
面對一場戰爭……

初級沉澱池

水 ⟶

污泥

細菌之戰！

這個階段的水看起來好像還算乾淨，但其實裏面充滿了**細菌**，好菌和壞菌都有！在水中注入氣泡，好菌就會騎在氣泡上面，因而獲得很多能量去吃掉壞菌。

生物處理

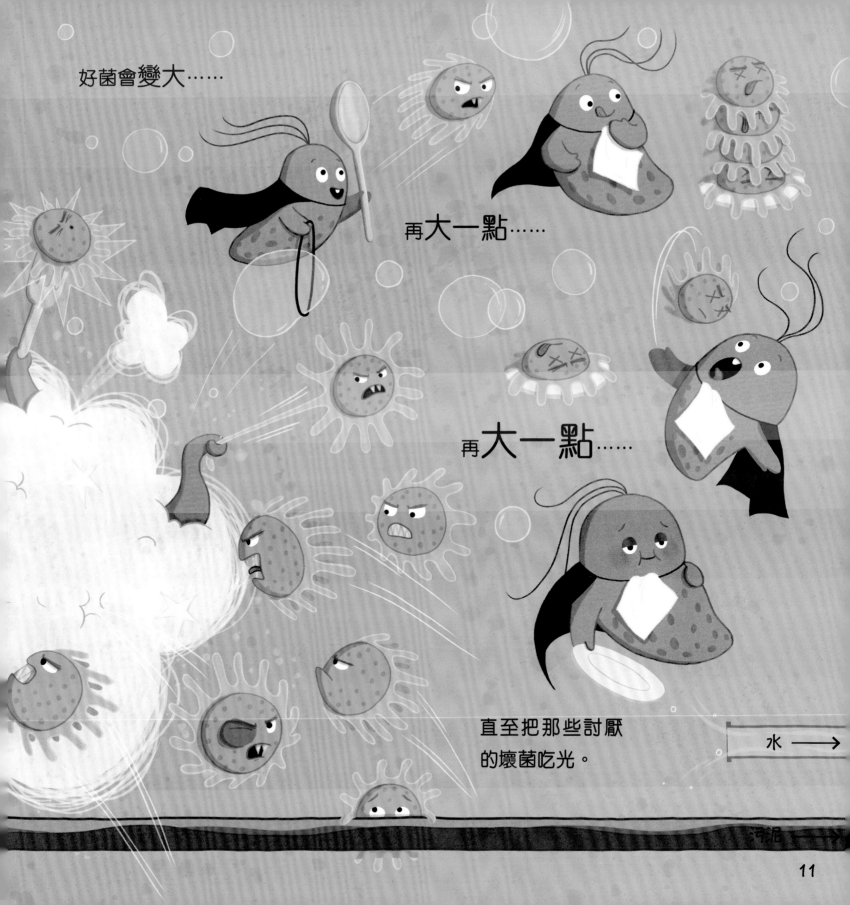

好菌會變大……

再大一點……

再**大一點**……

直至把那些討厭
的壞菌吃光。

水 ⟶

11

好菌吃得太飽，就會沉到下一個水池的底部。

在這裏，它們會休息片刻，然後再繼續跟壞菌打另一場仗；
或與餘下的污泥一起進入便便循環旅程的下一個階段。

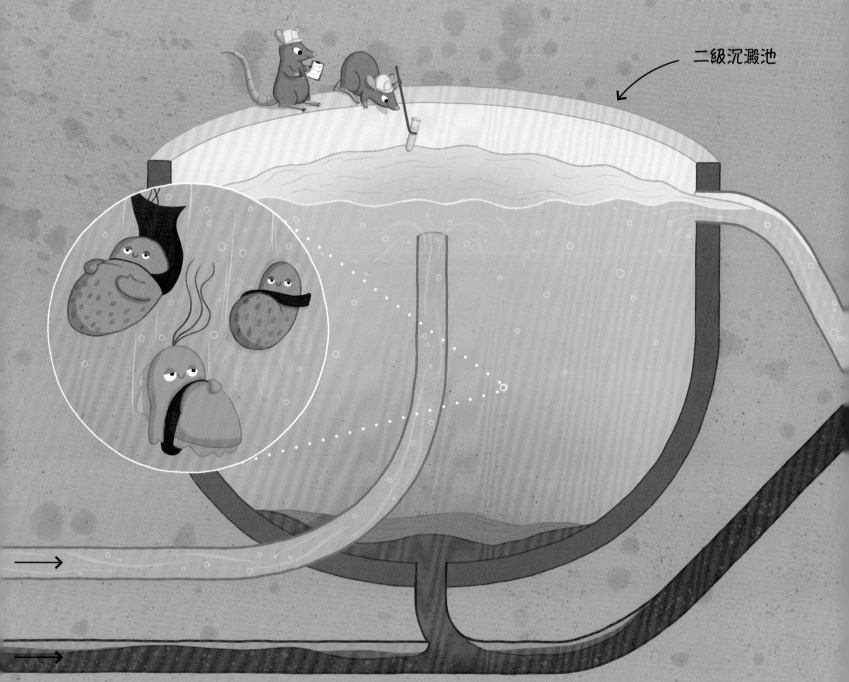

二級沉澱池

污泥和剩下的細菌會匯集在一個大缸裏，那就是厭氧消化缸。
裏面的温度幾乎跟你的體温相同——最適合進行消化。

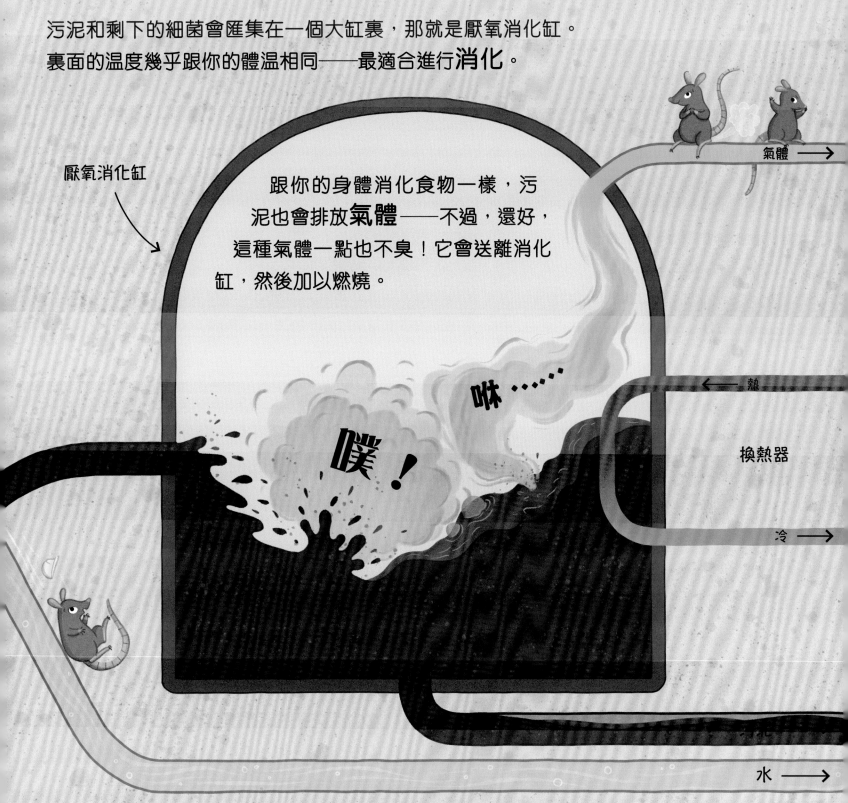

厭氧消化缸

跟你的身體消化食物一樣，污泥也會排放**氣體**——不過，還好，這種氣體一點也不臭！它會送離消化缸，然後加以燃燒。

氣體 →

噗！

啪……

熱 ←

換熱器

冷 →

水 →

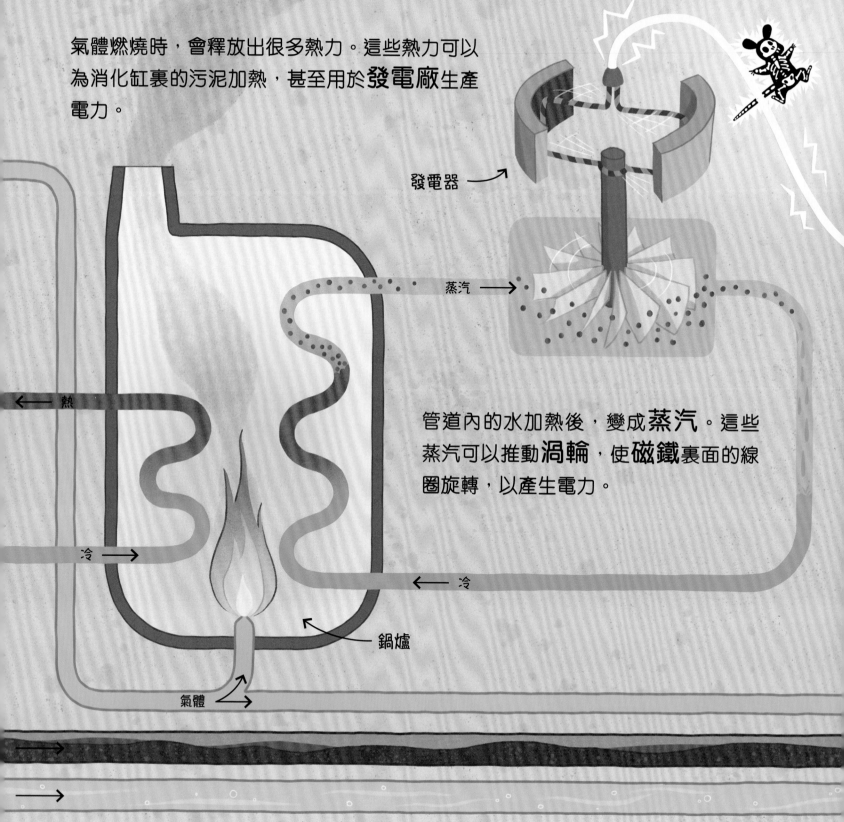

氣體燃燒時，會釋放出很多熱力。這些熱力可以為消化缸裏的污泥加熱，甚至用於**發電廠**生產電力。

發電器

蒸汽 →

← 熱

管道內的水加熱後，變成**蒸汽**。這些蒸汽可以推動**渦輪**，使**磁鐵**裏面的線圈旋轉，以產生電力。

冷 →

← 冷

鍋爐

氣體 →

這樣既可以為污水處理廠提供電源，也可以透過電線，為你家裏的電燈和大小電器提供電力。

變壓器

高壓電線塔

變壓器

電錶

便便電視

亦即是說，今天晚上你在家裏開電視，有可能是靠便便發電的啊！

氣體 ⟶

污水 ⟶

水 ⟶

17

如果這些氣體淨化後，只剩下一種叫做**甲烷**的化學物質，那麼用途就更多了。

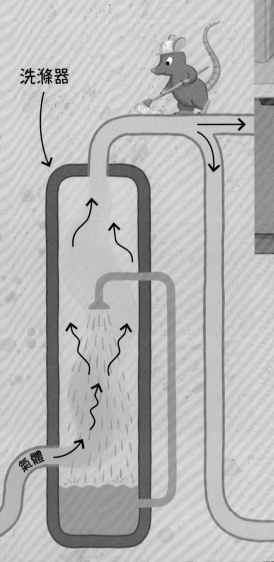

洗滌器

氣體

甲烷可以經由管道輸送到每個家庭的廚房。

你有沒有注意到烹煮美食時，鍋子底下的藍色火焰？

那就是甲烷……正在**燃燒**！

甲烷亦可以用來做車輛的**燃料**，你所住城市的汽車也有可能是靠它發動的！
最棒的是，甲烷比一般燃料更為環保。

便便巴士

甲烷

這僅僅是關於氣體，
別忘了還有……

污泥 ⟶

水 ⟶

污泥

壓濾器

離心式脫水機

這是來自消化缸的污泥，含有豐富的**養分**，但因為太稀，還未能派上用場——必須先去除裏面的水分。其中一種做法，就是讓它在高速旋轉之下脫水，就好像放進洗衣機一樣。

擠出多餘的水分後，會剩下一堆又深色又乾的東西，稱為**泥餅**。

但這**絕非**你想吃的餅，它的味道肯定很**可怕**！

這種泥餅是要送去農場的。

泥餅

農場

水 ⟶

19

有些農夫會把泥餅混在泥土裏，所以下次你抱怨農場有難聞的氣味時，
要記得那可能是你自己便便的臭味啊！

農場

植物吸收了泥餅裏的養分，就會長得更大更茁壯，
就像你吃了有益的食物一樣。

便便的故事就到此為止，
讓我們說說水的故事。它
還有一段精彩的旅程……

養分

水 ⟶

21

……污水經過處理後已經很乾淨，可以回到河裏了。

太陽把河流曬熱，有些水分會轉化成肉眼看不見的氣體，升到天空上。它們逐漸冷卻，再變成小水點。

水蒸汽

熱力

蒸發

水點凝聚在一起成為雲朵，並越來越重，
直到……

凝結

降雨

嘩啦！嘩啦！

水點變成雨水落下來，
又回到河裏去。

水 ⟶

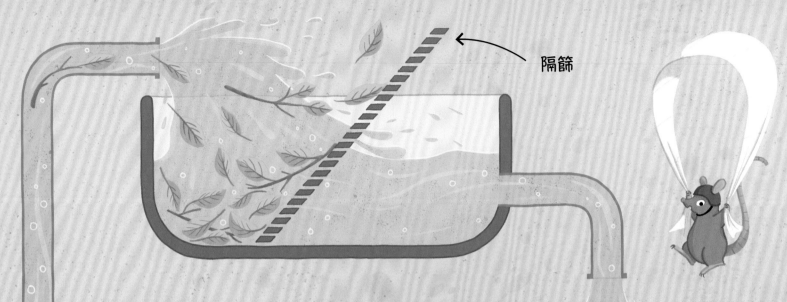

隔篩

從河裏收集到的水會經過另一個隔篩，攔住較大的雜質，例如樹枝和樹葉，之後再通過兩層砂石**過濾**，把細小的雜質也阻隔了。

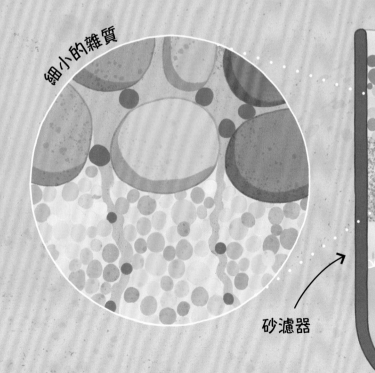

細小的雜質

砂濾器

這些水將會回到你家裏，所以必須過濾得非常乾淨。

最後一個步驟是殺死所有隱藏在水裏的壞菌。因此，工作人員會在水裏加
入少量的**氯**，就是那種放入泳池水的物質，聞起來有怪怪的氣味。

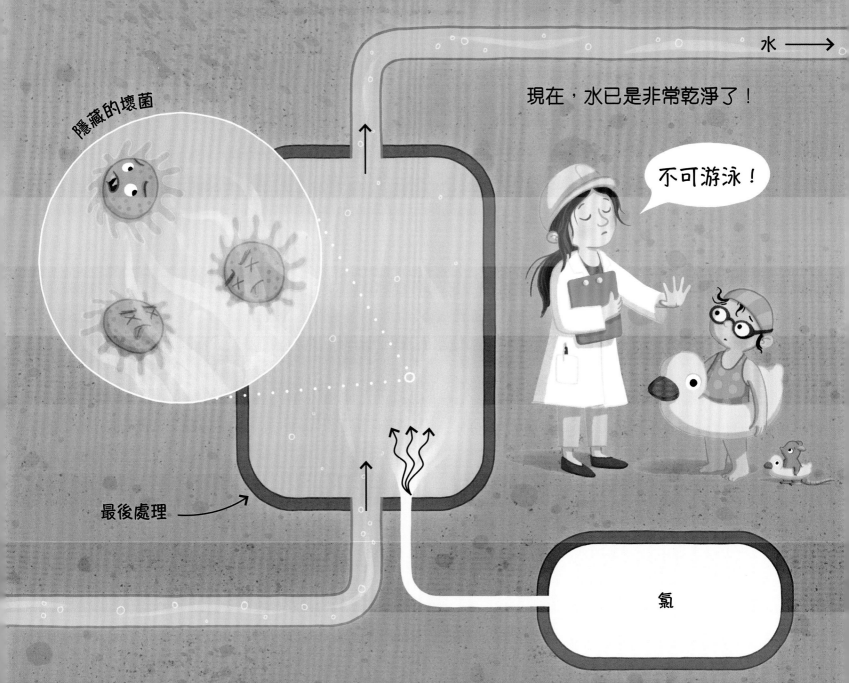

隱藏的壞菌

水 ⟶

現在，水已是非常乾淨了！

不可游泳！

最後處理

氯

最後，水會通過複雜的管道網絡，
輸送到你的家裏。

原來**不是魔術**令你的便便消失了！

而是有一個非常巧妙的系統把你的便便帶走，將它變成能源，
再讓乾淨的水重新回到屋裏。

完成這個循環，你只需按一下馬桶的按鈕。

下次沖馬桶時，跟你的便便打個招呼吧！**再見！**

嗚～嗚～

（可以去洗手了。）

27

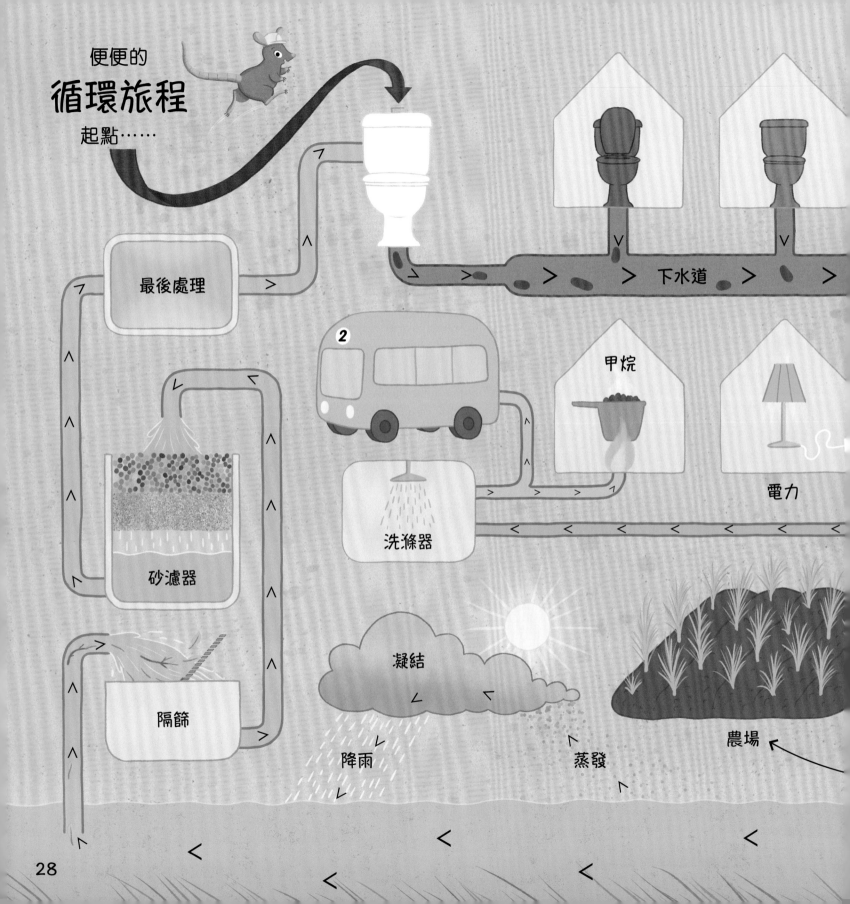

便便的
循環旅程
起點……

最後處理

砂濾器

隔篩

下水道

2

洗滌器

甲烷

電力

凝結

降雨

蒸發

農場

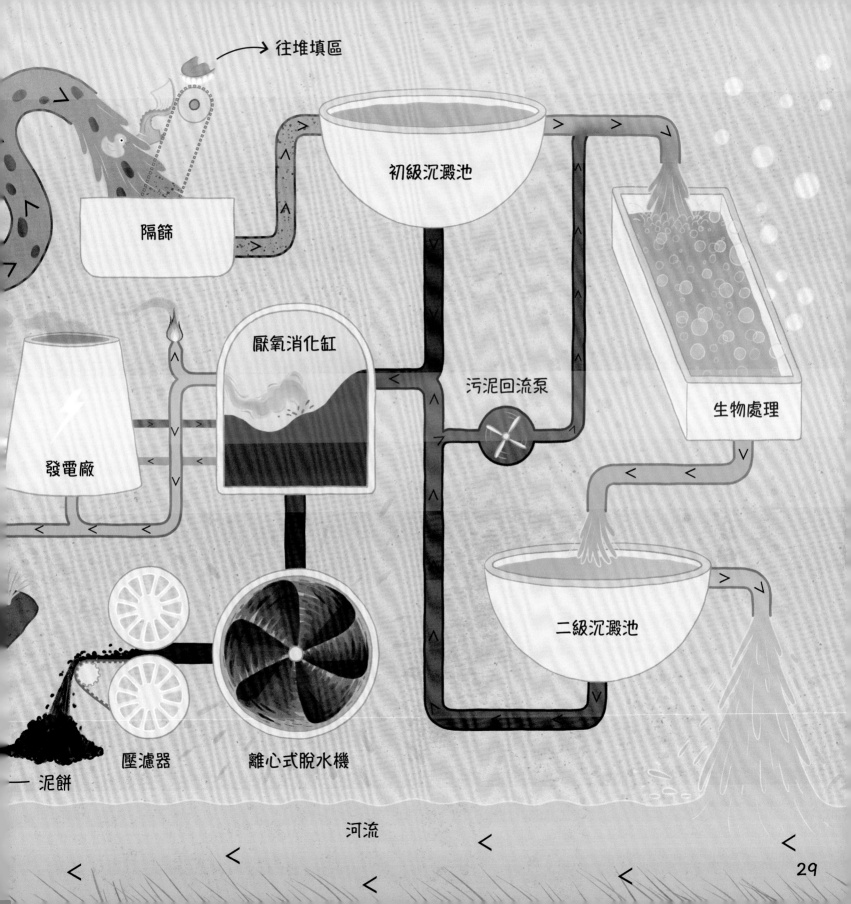

詞彙表

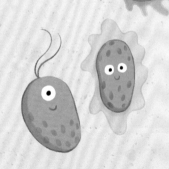

細菌 bacteria

非常細小的簡單生物，
用顯微鏡才能看見。

泥餅 cake

較乾燥的污泥。

氯 chlorine

加入水中的化學物質，讓人可安全
飲用或游泳。

循環 cycle

事物之間互相引起的一連串作用，一個緊接另一
個，周而復始，不斷重複。

消化 digestion

把食物分解成更簡單的物質的過程，例如你一天內
吃了很多不同的東西，但在肚子裏消化後都會變成
便便排出來。

油脂塊 fatberg

一大塊積聚在下水道的
食用油脂，能黏住千奇
百怪、不應被沖進馬桶
的東西。

過濾器 filter

有很多小洞，能在水流過時阻隔較大的固體物。

燃料 fuel

燃燒時會產生能源。

氣體 gas

浮在半空，肉眼看不見的東
西，例如水加熱時會產生很多
能量，令它變成浮在半空的氣
體，叫做蒸汽。

堆填區 landfill

將垃圾集中埋起來的地方。

磁鐵 magnet

一種金屬，能吸攝
其他金屬。

甲烷 methane

污泥在消化過程中產生的氣體，與你體內消化食物時身體排放出來的臭氣相似。

網絡 network

很多路線或管道（例如馬路或排水管）互相連接，構成一個很大的網狀系統。

養分 nutrients

泥餅裏能夠幫助植物生長的物質。

發電廠 power plant

生產電力的工廠。

循環再用 recycle

把廢物或垃圾處理過後再次使用。

下水道 sewer

把來自不同大廈裏用過的水、便便和雨水帶走，再送到污水處理廠的地下管道。

下水道清洗員 sewer flusher

負責清除下水道的油脂塊，使水和便便能順利流到污水處理廠的工作人員。

污水處理廠 sewage plant

淨化從下水道流入的污水，把便便轉化為熱力、電力和肥料的地方。

污泥 sludge

便便和水的混合物。

蒸汽 steam

水加熱後變成的氣體。

渦輪 turbine

由蒸汽、水或空氣推動槳葉的機械裝置。

作者簡介

　　繪畫是喬‧琳德莉（Jo Lindley）童年時很重要的一部分。她可以一下子就用完家裏的白紙，然後就焦急地等待父母給她添置材料。父母要趕上琳德莉畫畫的速度也不容易！

　　到了大學，建築設計取代了繪畫，她的畫變得更專門，直到一個愉快的下午，她再次發現隨便塗鴉，勾畫人物的樂趣。自此以後，她再也沒有停下來，現在她稱自己為建築插畫家（建築師兼插畫家）。

　　琳德莉頗有一種稚氣的幽默感——就算便便笑話不能說是她最喜歡的，但也肯定排名第二！這一點，再加上她在建築工作方面經常要花大量時間處理便便的管道，由她來創作這本書，真是最合適不過了！

 Penguin Random House

新雅‧知識館

嗶啦，便便往哪裏去？

作　　者：喬‧琳德莉（Jo Lindley）
繪　　圖：喬‧琳德莉（Jo Lindley）
翻　　譯：潘心慧
責任編輯：楊明慧
美術設計：蔡學彰
出　　版：新雅文化事業有限公司
　　　　　香港英皇道499號北角工業大廈18樓
　　　　　電話：(852) 2138 7998
　　　　　傳真：(852) 2597 4003
　　　　　網址：http://www.sunya.com.hk
　　　　　電郵：marketing@sunya.com.hk
發　　行：香港聯合書刊物流有限公司
　　　　　香港荃灣德士古道220-248號荃灣工業中心16樓
　　　　　電話：(852) 2150 2100
　　　　　傳真：(852) 2407 3062
　　　　　電郵：info@suplogistics.com.hk

印　　刷：中華商務彩色印刷有限公司
　　　　　香港新界大埔汀麗路36號
版　　次：二○二一年六月初版

版權所有‧不准翻印

ISBN: 978-962-08-7793-3
Original Title: *Where Does My Poo Go?*
Copyright © 2021 Dorling Kindersley Limited
A Penguin Random House Company

Traditional Chinese Edition © 2021 Sun Ya Publications (HK) Ltd.
18/F, North Point Industrial Building, 499 King's Road, Hong Kong
Published in Hong Kong, China
Printed in China

For the curious
www.dk.com